别墅庭园意趣 2

Charm Of Villa Courtyards 2

北京吉典博图文化传播有限公司 编

海峡出版发行集团 | 福建科学技术出版社
THE STRAITS PUBLISHING & DISTRIBUTING GROUP | FUJIAN SCIENCE & TECHNOLOGY PUBLISHING HOUSE

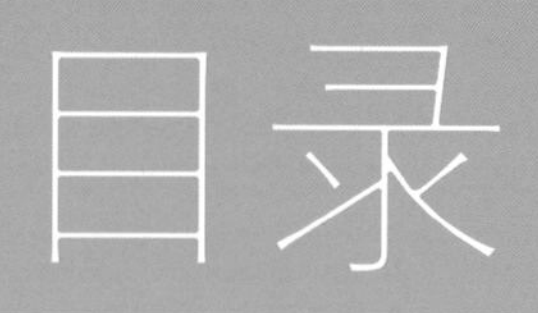

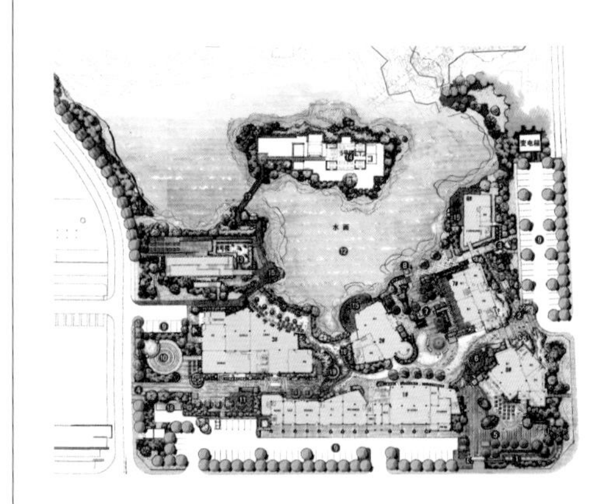

合理的功能分区，丰富的空间层次，动静分离，景观空间相互融会贯通

龙湾别墅位于顺义区温榆河别墅区内，是以低密度为主的环保型高档精英社区，地处北京最具国际色彩的高尚居住区。

项目名称：龙湾别墅
设计公司：易兰国际

项目地点：中国 北京
完成时间：2009 年
庭园面积：350㎡

龙湾别墅为原创型别墅，以现代中式传统元素为源泉，发掘与回归地域特色，从现代人文主义视角融入了中国居住理念，形成了龙湾别墅的特色风格。

龙湾别墅的建筑布局为“十”字形和“T”字形，这样自然就形成了三进式的四个庭园，细分了每个庭园的功能。下沉庭园主要为了增强地下室的采光与通风功能。在庭园的装饰上借用了很多中国传统建筑的元素，院墙采用装饰型花窗，雕塑与小品的设置体现价值感与生活场所的高品位气质。露天亲水平台的设计巧妙结合建筑与景观。

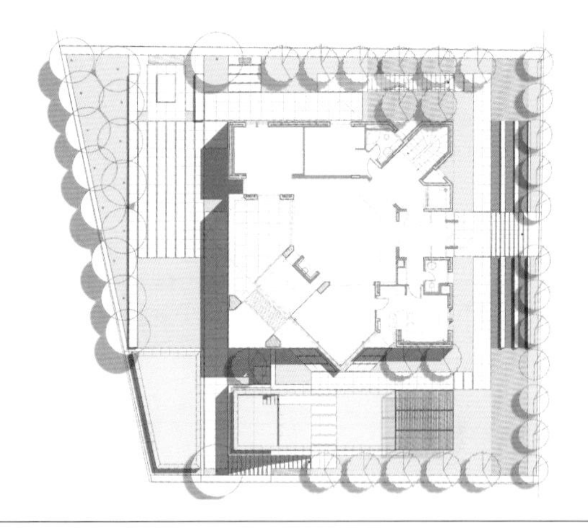

水天一色，任由思绪徜徉在天际之间

这处别墅景观是围绕消遣和娱乐的概念建造的，在狭窄有限的空间内大量展示生活空间，就是对别墅景观最好的描述。

项目名称：巴希尔山别墅
设计公司：弗拉基米尔・洛维奇园林建筑事务所
设计师：弗拉基米尔・洛维奇

项目地点 ：黎巴嫩
完成时间 ：2011 年
庭园面积 ：300m²

我们的目的不仅是预备这些生活空间，而且还要有使人印象深刻的过程。对错觉的巧妙运用使空间感最大化，如同在巴希尔山度假。

长方形泳池随着建筑的形体延伸，拉长了视觉长度

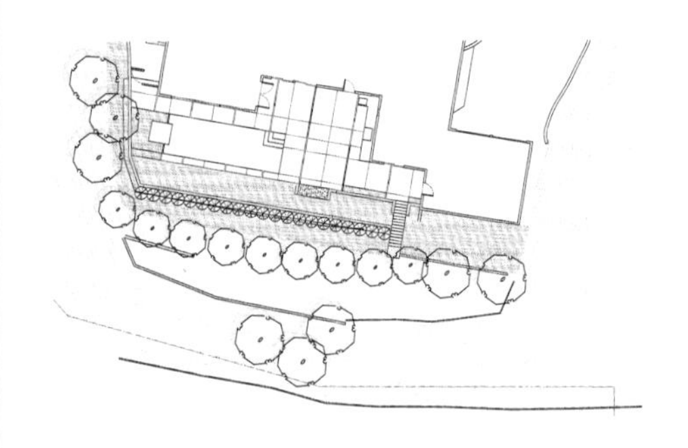

这座单层的现代小别墅置身于贝弗利山中，挨着著名的马尔霍兰大道。此项目初建于50年前，为一个年轻的女演员所拥有。

项目名称：贝弗利山别墅
设计公司：艾科珊崔科斯景观建筑设计公司
摄影师：马诺洛·兰吉斯

项目地点：美国 加利福尼亚
完成时间：2009年
庭园面积：450m²

现在的居住者在 40 年前买下了它，当时找来了有名的景观设计师进行了首次景观设计。到如今已经过时了，建筑材料腐烂严重。

我们的任务是把这里的庭园景观开发成现代简洁风格且具有地方特色的景观，使其更好地与华丽的室内装修相匹配，并且发挥出更好的功能。

我们开发了山坡景观，重建了水池和周围的硬件景观，把墙延长，在狭长地带加入造型独特的植物以突出别墅的线条元素。一个新的户外厨房装备了所有的现代化便利设备，很气派，为业主频繁举办聚会提供了良好的条件。

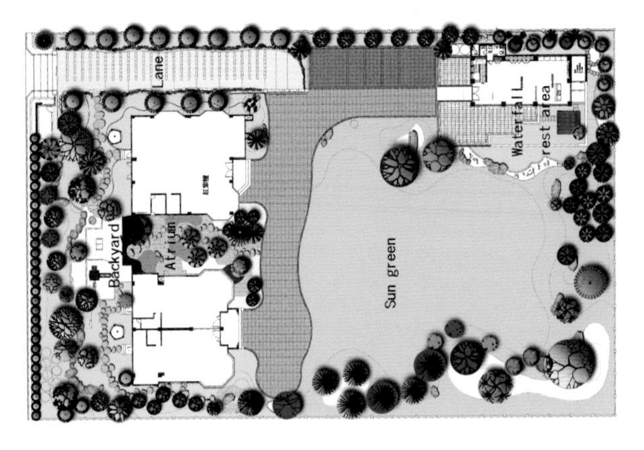

蜿蜒的硬景布置和灌木花草的绿化，为庭园注入了清新的活力

入口迎宾车道两侧利用天然石垒成的花台，让石缝间透露出绿意，更衬托出花丛间的多层次。

后院主要规划了绿阴散步道、烤肉休憩平台、果树区、菜圃区、儿童游戏区，让居家休闲有更多的活动私密空间。

项目名称：南投农舍别墅
设计公司：米页设计

项目地点：中国 台湾
完成时间：2007 年
庭园面积：560m²

中庭规划采用日式庭园风格，主要以黄蜡石、白卵石、板岩石踏板、槭树、松柏等元素构成。

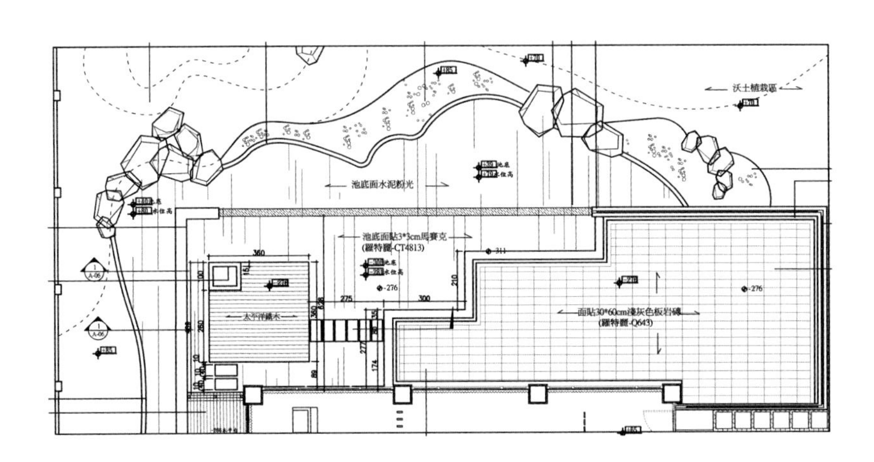

阳光草坪主要强调开阔的视野，让各种大型乔木起围塑边际的作用。
会馆水瀑，巧妙地运用地下室开挖的高低落差，设计出与世隔绝的水景内庭。

在炎热的季节，即使最轻柔的微风，也会被羽毛草捕捉到，给人带来凉爽的感觉

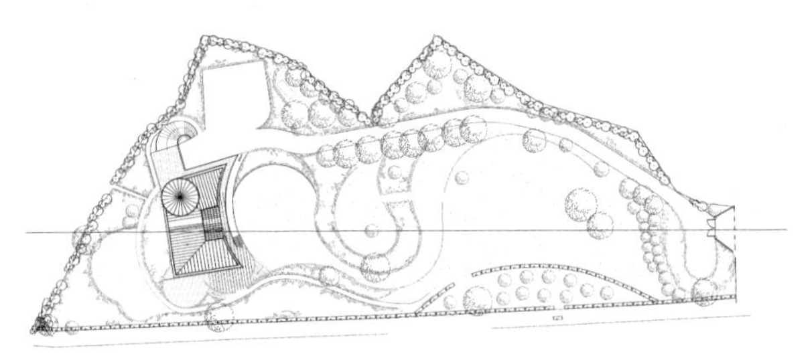

本案是一个坡地上别墅的庭园设计，设计的宗旨突出了一个共生的理念，即设计的本质应是让人们在精神与视觉上与周边的自然景观融为一体。

项目名称：着陆之地
设计公司：休瑞安景观设计
摄影师：休瑞安、埃瓦赞科奇

项目地点：爱尔兰 都柏林
完成时间：2008 年
庭园面积：800m²

围绕着这个设计理念，设计师保留大量的原始草坪。庭园空间的边界没有人造的围挡，目的是让建筑及景观成为场地系统的一个组成部分。这里的主角完全由场地所在的生态系统来控制，庭园的边界种植了适合当地生长的植物起围合作用，也平衡了场地周边的生态系统，装饰的成分被压缩到最小。

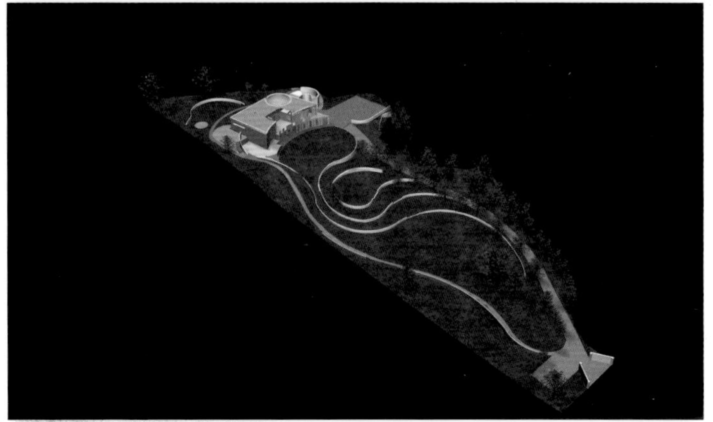

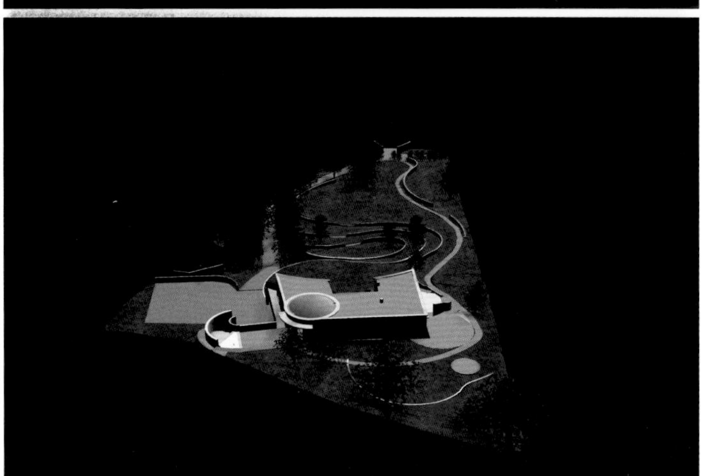

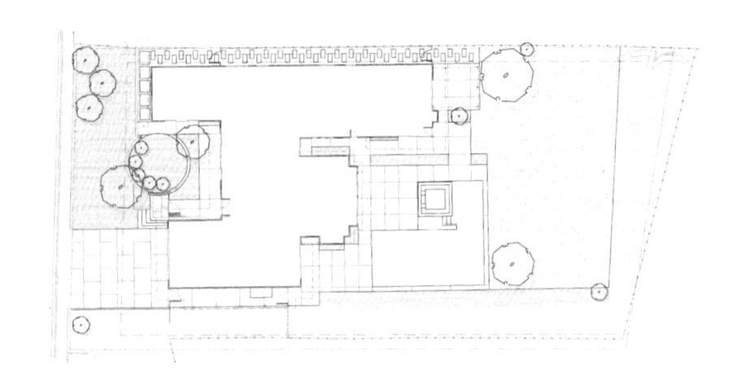

软、硬材料简单朴素的色彩，把水域空间与入口餐厅花园里的植物连接在一起

这个住所的建筑设计线条简洁流畅，外观看着普通，室内却现代华美。业主渴望新的花园和人造景观的整修与室内设计相辅相成，当在这个改造一新的家里招待客人的时候，让人感受到迷人的画面，有享受水疗一样的体验。

项目名称：恩西诺山别墅水疗池
设计公司：艾科珊崔科斯景观建筑设计公司
设计师：艾科珊崔科斯

项目地点 ：美国 加利福尼亚
完成时间 ：2011 年
庭园面积 ：$960m^2$

从别墅开放的平面图上看，当走进室内时，会直接看到后院。然后一个凸起的水疗池出现在眼前，它位于水池里，水流外溢，池边铺着色彩斑斓的玻璃砖，就像一个珠宝盒一样闪闪发光，而且还发出动听的嘀嗒声，在宁静的花园里回荡。

最初别墅室外的地面大部分是由红砖铺设而成，带有图案，现在则是被混凝土取而代之，线条十分明朗，使庭园景观呈现出几个坚固的建筑平面。植物一块一块地聚在一起，十分显眼，每一块的外形都雕琢得独特迷人。

在水池边上长 30m 的条状地带上种植了墨西哥羽毛草，是为了捕捉到那轻柔的微风，甚至在最热的天气都会感觉到一种凉爽。这种草和当地海边摇摆着的沙丘草很像，摆动起来都是那么的迷人。一块简洁而优雅的草坪覆盖在水池的后侧，像房间里的地毯；一棵开着紫色花的蓝花楹树是它的修饰符，点缀在草坪的对角线上，带来了宁静、慵懒的景致。

前院入口的餐厅花园展现的主题是冷色调，里面有绿色的肉质植物，绿色的草，大片深褐色的树叶，在悬挂的不锈钢格子架上编织着开着紫色花的攀爬植物。这里的标本植物是活的雕塑，以一道弯曲的墙为映衬。这个格调鲜明的庭园是那么的惹人注目，和正式的餐厅紧挨着，是客人们狂欢的主要舞台。在这个放射状的布局中，那棵树好比是留声机上的唱针，被精心地放在最外圈上。用玻璃和木头制作的门，固定的面板，以及车库的门，诠释了当代的工艺水准，目的是为了与业主所收集的几件重要的室内家具相搭配，有助于展现室外整修的效果。

木头、石块、混凝上、钢板，这些元素以一种可见的和谐方式统一在庭园中

这所旧金山自由山上的私人庭园建造在一斜坡上，有专门的娱乐区域和儿童游乐场地。该庭园的特点是具有创新性的人造景观素材。耐腐蚀高强度钢的箱子充当固定结构和花盆，沿着住所的周围延伸，并深入周围的木栅栏中。

项目名称：自由山别墅
设计公司：“平面”设计有限公司

项目地点：美国 旧金山
完成时间：2010 年
庭园面积：520m^2

耐腐蚀高强度钢箱和混凝土墙以及现有的石墙一起创造了一系列的“Z” 字形的路线，这条路会把你从房屋带入庭园。中世纪的石墙是天然的材料，属于精致坚固的建筑材料中的一部分，与石块、混凝土、木头和钢结构一起，以一种可见的和谐的方式统一在庭园中。

这个钢结构的金属箱其上部分为植物提供了庇护所，向下与地平面相接，深入红木栅栏中，穿过色彩斑驳的板条的斜影增加了栅栏的几何图案。板条形状的阴影在混凝土墙上显现出来，仿佛墙被栅栏包裹起来。为了最大化地体现庭园的健康主题，孩子们大的活动区域是草坪，以风化花岗岩筑成娱乐的平台。 一些大的花盆不仅为主人提供亲自动手从事园艺的机会，还可以吸引小鸟和蝴蝶驻足栖息 。

混凝土台阶的两侧都是水流，为了方便排水（同时突出庭园倾斜的特点），一种叫作灯心草的当地植物起到了在污水进入地下水系统之前净化水流的作用。因为钢制箱子的边上也有水流，它们看起来好像是从地面下升起的，给整个构图增添纵深效果。当房屋的主人从家里向下观看花园时，会欣赏到一种雕塑般的美。钢制箱子上点缀着鸡爪槭等植物和蕨菜、鸢尾花、荚莲、银莲花等喜阴又轻柔的植物，又给庭园增添了浓郁的柔美气息。

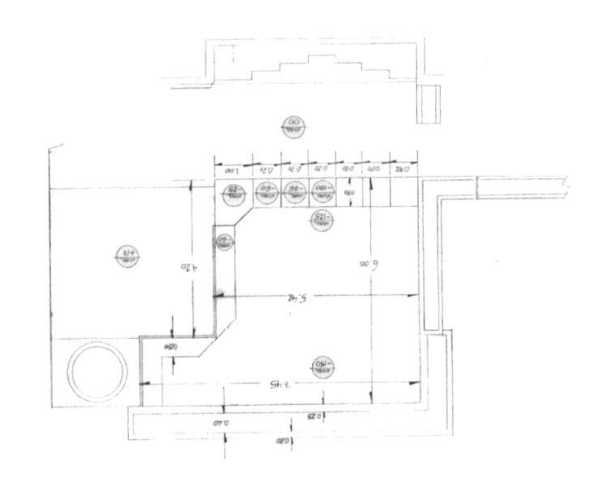

庭园的主色调稳重、温暖，与周围的绿树相得益彰

木案设计重点强调了水池的形状及尺度，使建筑与休闲平台处于水系的环绕之中。水池的外侧采用无边缘设计，突出了庭园直率、大气的简约效果。

项目名称：马琳凯
设计公司：非液体的“水艺术”
摄影师：乔迪米拉勒斯

项目地点 ：哥斯达黎加 孔查沙滩
完成时间 ：2005 年
庭园面积 ：370m^2

防腐木制作的休闲亭，强调与建筑形成的整体感；藤制家具的亲和感给人以温馨、自然的气息，简洁的设计手法与总体环境协调而统一。

水池内侧的水幕墙面采用质朴的石材来装饰，给人以返璞归真的感受。在色彩上，深色与白色建筑立面的反差对比，形成了清爽的视觉效果。庭园的景观小品与细节则运用了东南亚的设计语言，与开阔的天空共同营造了纯净的私家生活情调。

保护良好的草坪和笔直的枯树干，创造一种忧郁、让人沉思的氛围

2008 年，我们应邀设计这个具有现代风格的别墅花园，项目地址在立陶宛首都维尔纽斯附近的一片松林中。该别墅花园的主人喜欢我们的雕刻工程，要求将该花园设计成简约的风格。

项目名称：维尔纽斯别墅花园
设计公司：格来德和达根巴赫景观建筑事务所
项目地点：立陶宛 维尔纽斯
完成时间：2008 年
庭园面积：400m²

整个设计从两方面呈现了特殊的氛围：水平的经过良好保护的草坪和笔直的松树树干，创造了一种忧郁的、让人沉思的氛围，这种氛围非常接近日本花园的风格。在户外木制的平台，设计出一个矩形的洞。在这个洞下，安排了一个立方体的雕塑，代表着花园最大可能的简约：一半是侏罗纪的大理石，一半是修整过的紫杉。在草坪上，放置了一个圆形铜质圆顶，圆顶上开有各种孔，分布开像星空一样，夜晚这个装饰物从里面被点亮。别墅的后面，在笔直的树干之间，设计者在草坪上创作了一个球形的雕塑，三分之一是侏罗纪大理石，三分之二是修整过的紫杉。

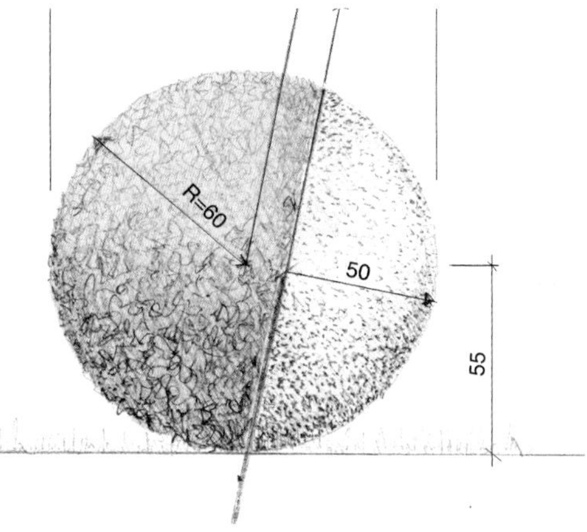

在靠近客厅和桑拿房的部分设计成日式旱风景花园区，铺有碎石和辉绿岩，种上从日本运来的东北红豆杉，还有各式造型修剪整齐的锦熟黄杨。

在修建日式旱风景花园区时，设计了一个铁饼形状的雕塑。铁饼的顶部宛如漂浮在空中的侏罗纪大理石。围绕铁饼种植了曼地亚红豆杉 。铁饼有不锈钢支柱，外形像鹤脚，固定在铁饼中轴外侧的混凝土里。大理石和曼地亚红豆杉由一个铜盘象征性地连接。

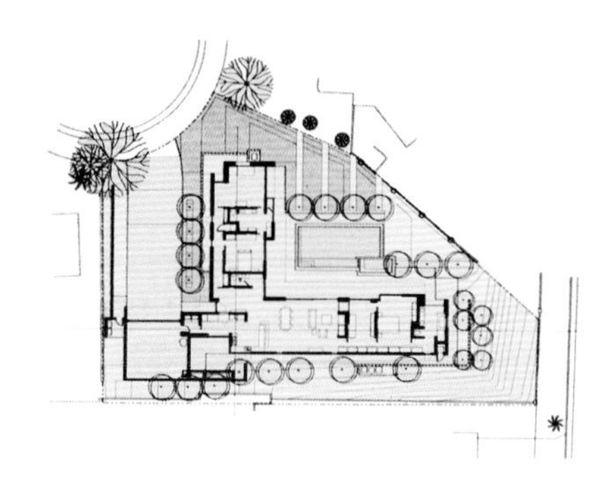

水池与草坪作为庭园的设计要素，突出了空间的空旷感

带有水池的庭园空间是典型的新古典主义风格的延续，本案使用简约的手法，使古典主义的风格在现代文明中得到升华。

项目名称：奥基德亚别墅
设计公司：非液体的“水艺术”
摄影师：塞尔吉奥普奇

项目地点：哥斯达黎加 皮尼利亚
完成时间：2005 年
庭园面积：500m²

庭园水池采用方整对称的造型手法，水池的中轴线坐落在与建筑垂直的轴线上，总体造型与细节之间表现出严谨的比例关系及空间逻辑关系，呈现出典雅的美感。

设计的细节主要表现在整体的结构关系上。水池边的草坪与植物经过精心的修剪，呈现出古典几何造型的审美情趣；水池边的户外照明灯具由铁铸成，造型简约，呈现出朴实的美；而水池旁铺设的砂石为整体的庭园风格增加些许时代的特征。

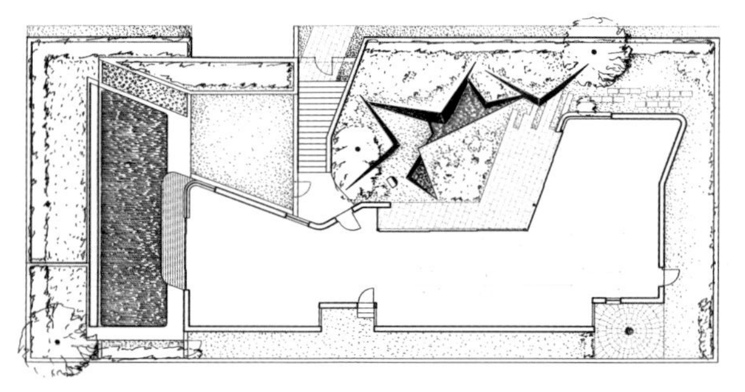

灰、蓝、绿等冷色调与红色自然态的迷人精致形成鲜明的反差

红花园是这样产生的：一大批不切合实际的涂鸦，大量暴涨的红砂石，以及一个极其信赖设计师且爱冒险的业主，他愿意投资这个实验性的庭园。在设计阶段，使用了泥塑模型来对场地进行开发改造。

项目名称：红花园
设计公司：泰拉克工作室
摄影师：弗拉迪米斯塔

项目地点 ：澳大利亚 悉尼
完成时间 ：2004 年
庭园面积 ：$75m^2$

一个条形的实体模型在工地被建造出来去验证各种角度和几何尺寸。一踏入红花园，人们会先看到游泳池区域，这个区域设计得比较精细，水池铺着瓷砖，有蓝色的鹅卵石，小块的草坪，栽种了各种草和竹子，空间里灰、蓝、绿等冷色调与红色自然态的迷人景致形成鲜明的反差，这可能会让一进入红花园的人惊叹不已。水池最初是有鱼的，最近被槐叶萍占满了，在红石间形成一块密实的绿色地毯——这是池塘迷人而怪异的重生。庭园里植物品种繁多，许多肉质植物是从业主原先杂乱栽种的盆栽植物中保留下来的，随着时间的推移，植物不断蔓延，从石缝里钻出来，占据整个庭园。

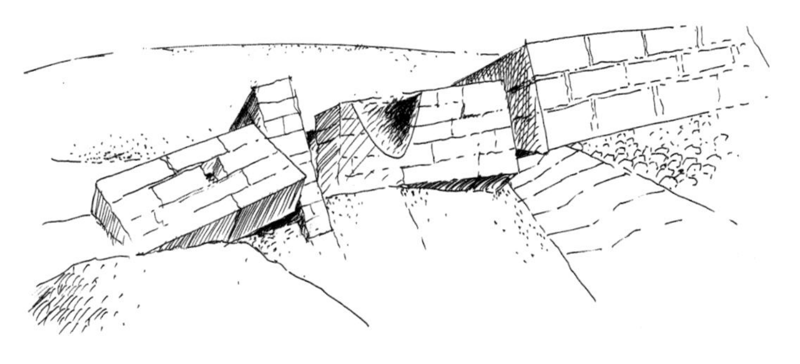

从屋子里面，透过巨大的玻璃拉门看出去，庭园像一幅油画。石头是寂静和恒久的，但同时直角石蕴含着能量和非凡的魅力。今天红花园还是那样欣欣向荣，里面的植物枝繁叶茂——也许有时植物繁茂得过了头。偶尔专家会被请来做维护，以确保过度繁茂的植物不会遮盖了原来的设计意图和石头摆放的几何图案。

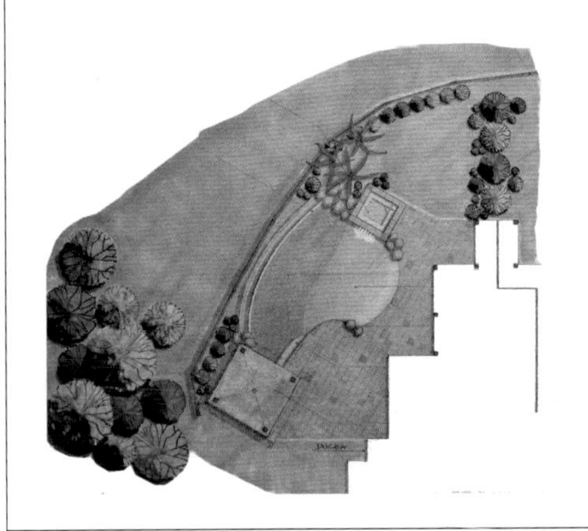

乡村和现代简约相结合的设计手法，创造出一个轻松、随意的庭园环境

本庭园的设计风格以简约、大气为主基调。庭园内各个景观区的设计注重与水这个元素的关系，强调水景的形式与主人爱好及生活方式之间的有机联系，很好地协调了景观总体形象与周边山林的视觉关系。

项目名称：凯罗尔别墅
设计公司：非液体的“水艺术”
摄影师：塞尔吉奥普奇

项目地点：哥斯达黎加 孔查沙滩
完成时间：2007 年
庭园面积：760m²

在视觉规划上，运用阶梯式的设计手法，将远山、坡地、泳池以及建筑的重点室内空间组织成递进的秩序，放眼望去，天地、水浑然一体，形成了一幅美轮美奂的自然景观，具有超强的震撼力。

户外水疗区紧邻泳池，采用方正的几何形状与不规则的泳池形式形成对比，又精心设计跌水的景观元素，从而增添了生动的细节。在泳池边设计了就餐的露台，美味与美景尽情共享。

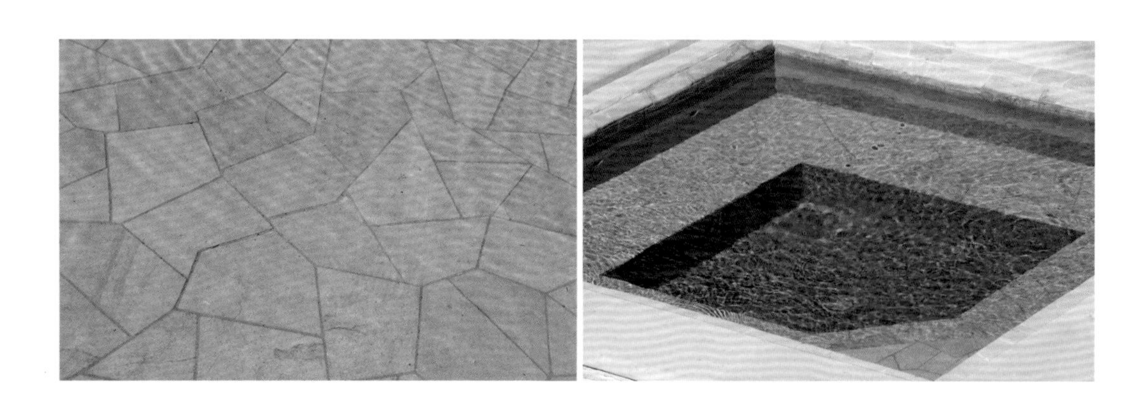

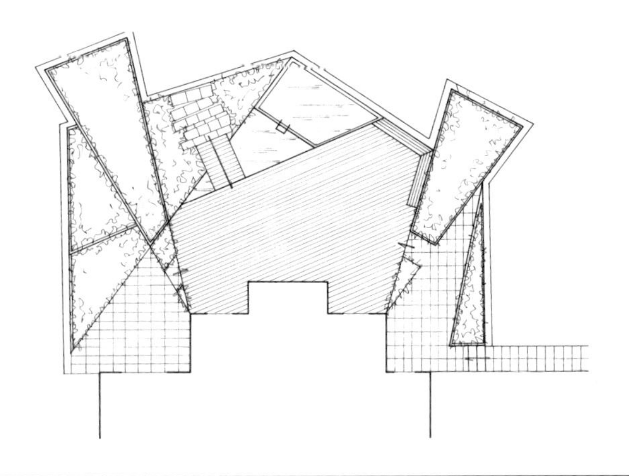

一系列连续折叠的界面有机地组织在一起，形成诗一般的韵律效果

这个大型庭园原来有一些矗立的大花盆位于房子和庭园之间，起着隔断作用，而非连接功能。本设计则是把这种拥堵的布局全部去除，用一个新颖的外向性的方案取代。

项目名称：敞开的空间
设计公司：休瑞安景观设计

项目地点：爱尔兰
完成时间：2011 年
庭园面积：683m²

最终成形的庭园第一眼看去比想象的更为复杂。庭园的景观有十一个不同的层面，包括石头铺地，涂漆的硬木平台，一个错层的水景，以及一系列矗立的大花盆，这些花盆都是由高压处理过的木材涂过漆后制作成的。花盆的八字抹角是最重要的一个设计，有助于开放这个庭园空间。上层水池倒影着西边天空的宽广画面。房屋后面朝向西南，紧挨着日光浴室的宽阔木板平台，为野餐和休闲放松提供了充裕的空间。上层的水池高出木头平台约 45cm，能映射天空，并伴着格外漂亮的暮光。上层水池的水通过一个石唇流到下层，一座连接了平台和草坪的木桥横跨了下层的水池。植物多属于草本植物，因为这个庭园在冬天几个月里用得不多。

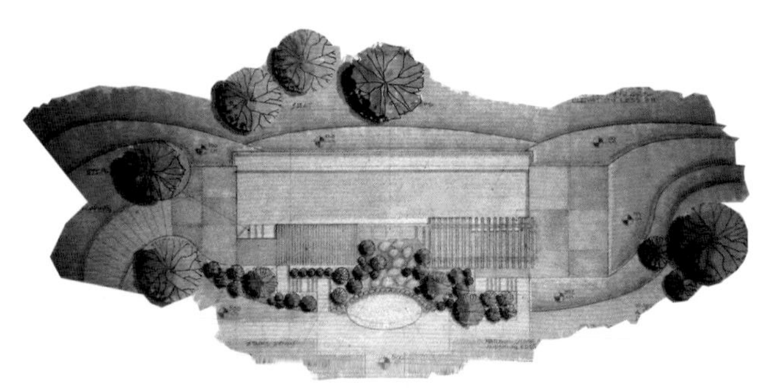

由当地材料砌筑而成的墙体与周边环境融为一体，庭园展现出浓厚的人文特征

本案是一栋乡村别墅的庭园。建筑风格摒弃了古典主义的繁琐和奢华，色彩及造型较为含蓄保守，兼具古典的样式与现代的线条。而庭园设计的主线延续了建筑的风格，并突出现代园林的风格特征。

项目名称：泰卡尔别墅景观
设计公司：非液体的"水艺术"
摄影师：乔迪米拉勒斯

项目地点：哥斯达黎加 圣塔埃琳娜
完成时间：2007 年
庭园面积：710m^2

庭园的四周用椴树构造了垂直围合空间，用低矮的灌木虚隔了一个安静、整洁的休憩、聚会场所。下沉泳池与地上空间之间的矮墙由整块的石头砌筑而成，矮墙的一侧设置了出水的跌瀑造型，出水口采用石头支撑既巧妙又自然。休闲空间的户外家具采用原始的木料作为主材，没有任何人工粉饰的痕迹。庭园的一切与周边的自然景观融合在一起，展现出浓厚的人文特征。

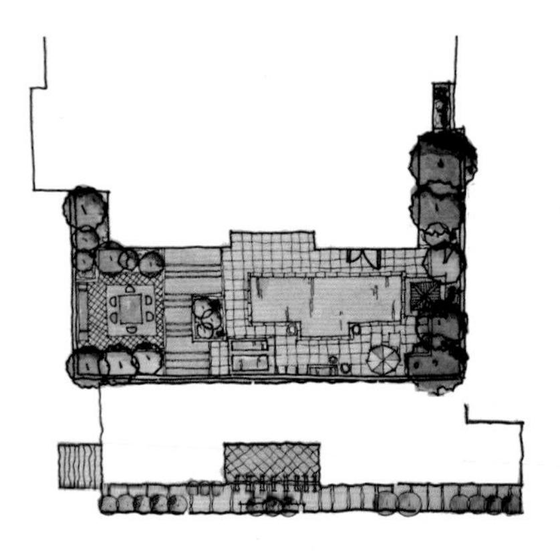

人造景观与自然景观交织在一起，庭园充满了浪漫的古典气息

本案的成功之处在于运用了低矮的绿篱，封闭了整个空间，增添了自然的环境气氛，通过方形的水池在建筑之中联系环境的视觉元素，形成共荣共生的自然景观。

项目名称：兰斯柯特别墅景观
设计公司：非液体的“水艺术”
摄影师：乔迪米拉勒斯

项目地点：哥斯达黎加 普拉亚
完成时间：2002 年
庭园面积：178m²

建筑多处采用半封闭空间，增强了建筑与自然的沟通。建筑的整体色调采用暖白色，通过木质门的装点突出温馨的氛围。地面铺装以白色为主，辅以木质家具，简单的颜色更加凸显了设计形态的精妙之处。

庭园空间的尺度设计，采用建筑体量的三分之二外侧边缘为庭园的中心轴线，这种空间的组织方式可以最大限度地在一个狭窄的城市空间中获得更多的视觉开放空间。

规划的水池成为庭园的主要景观，静水的手法突出了禅意的氛围

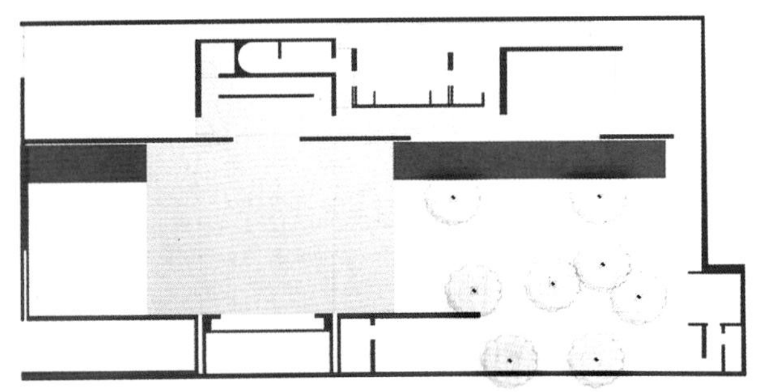

卡萨巴伊亚是由建筑师麦克高根设计的，被称之为“不需要技术的绿色房子”，因其采用最新科学，可以节省电力。但使用的材料却是千百年来巴西建筑传统的材料。

沿着园墙的长形镜面水池，造型简约，池中有着美丽的倒影，成为庭园中精彩一景。

项目名称：卡萨巴伊亚
设计公司：埃姆克 27 工作室

项目地点：巴西
完成时间：2010 年
庭园面积：178m^2

卡萨巴伊亚源于民间传统智慧，完全靠精确的建筑技术、质朴简单的材料建造而成。木质的天花板，使内部空间更加舒适。

房子完全围绕一个中心庭园来设计，完善的通风设计，使得即使室外 40℃高温时，室内也很凉爽。庭园内两棵郁郁葱葱的芒果树也成为了院中美景。这是一所由美丽的景观和精致的内饰共同组成的、传统和生态并存的居所。

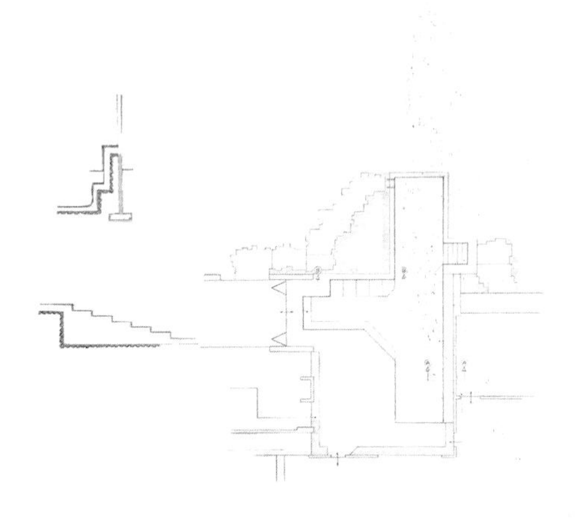

穿透心扉的阳光，生动的景观肌理，清爽的环境色彩，让人感受到托斯卡纳的风情

本案在庭园水景空间规划中突出院落之间的整齐感和变化，在建筑的北院设计了不规则的泳池，结合场地的形状突出自然与简约之美。

项目名称：凯罗奥多别墅
设计公司：非液体的“水艺术”
摄影师： 乔迪米拉勒斯

项目地点 ：哥斯达黎加 圣何塞
完成时间 ：2005 年
庭园面积 ：680m^2

水景的边界与庭园的边界设计紧密相连。泳池的边沿采用规则的西班牙地砖作为装饰。摆放上沙滩椅后成为很好的日光浴场地。泳池通往别墅室内的小径采用石砖铺装，周边再铺以卵石，增加了一些混搭的自然效果。

小小的跌瀑造景丰富了水景的边界，形成了丰富的立体层次，并给人以潺潺流水之声，丰富了庭园的气氛。

巧妙的户外装饰材料的搭配为庭园细节装饰增加了亮点，并在不同区域的边界过渡中起到了关键作用。在泳池边界竖立的石材装饰墙作为立景墙，墙上跌瀑出水口设计得自然合理。西班牙仿古砖与经烧毛处理的大理石板搭配，色彩统一，肌理富于变化。硕大的卵石增加了自然的情趣，并调和了呆板的气氛，丰富了细节。

一个充满和谐与宁静的庭园，在这里形式和功能得到了高度统一

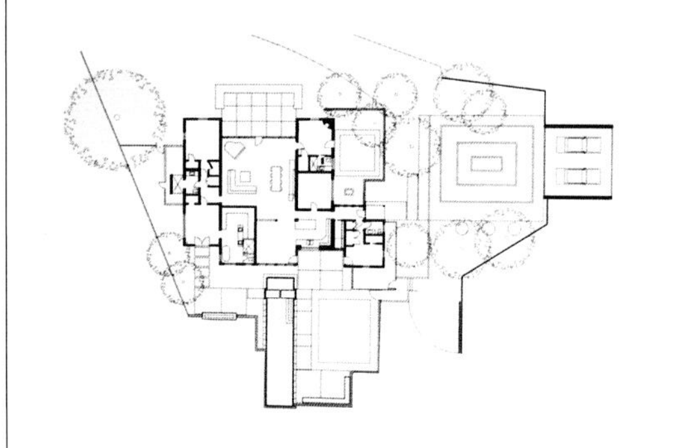

我们工作的重点是通过最少的设计来让空间达到最大的变化。充分利用自然光线，使空间充满和谐与宁静。房子沿着自然的坡度坐落于山顶。我们将侧面的入口设置为主入口，并在新车库和入口间设计了一个混凝土和海滩卵石打造的停车场。

项目名称：居所的冬季风景
设计公司：伊布拉罗萨诺建筑设计事务所
设计师：特丽莎·罗萨诺、刘易斯·伊布拉

项目地点：美国 亚利桑那
完成时间：2009 年
庭园面积：350m^2

长凳是水平长甲板和混凝土做成的。这个地方原来是个紧挨着书房和客房的脏兮兮的车道，现在变成了带有喷泉的宁静的庭园，有草坪，有一棵树，还有一个开放的水池，恰好完美地映出天际。

房子的东侧是玻璃淋浴房，在内如同在自然中，在外看不到淋浴房内部。池子、甲板、草坪，为娱乐提供了一个理想的区域。一对漂浮的桥连接主甲板到主卧室甲板和户外壁炉处。

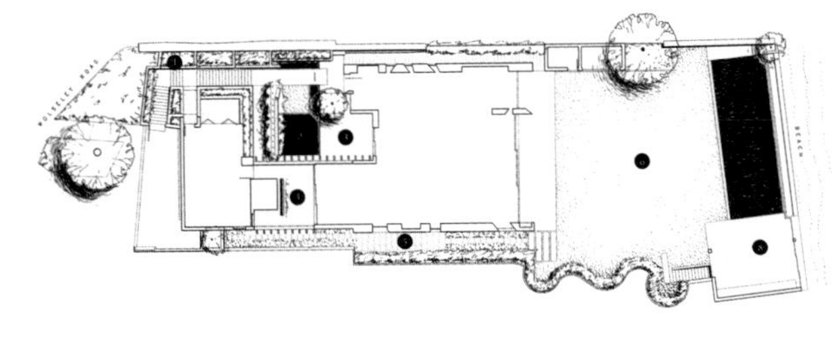

对水的开发和利用是本案设计的最大亮点

从房前到房后的海港边，这个庭园无不体现着对水的开发和利用。平台取代了过去那些普通无形的绿色屏障，清晰地规划出干湿区域，有序地种植了石兰、凤梨花、蕨类植物、肉质植物和苔藓。

项目名称：时间花园
设计公司：泰若古艾姆私人有限公司
设计师： 泰若古艾姆、弗拉迪米斯塔

项目地点 ：澳大利亚 悉尼
完成时间 ：2007 年
庭园面积 ：700m^2

在主庭园区，有一个带机械装置的潮水池，里面立着一个稍稍没入水中的黄铜格栅平台。这个平台宛如水下的画布，可以倒影旁边的竹子。这个设计还另有意图——这个稍微没入水中的平台偶尔会成为主人摆放华丽钢琴的舞台，庭园将化身为一个音乐厅。

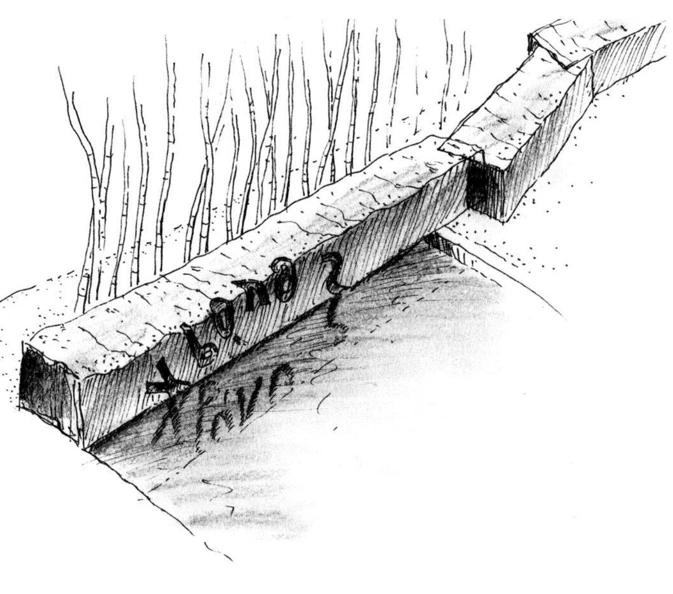

晚上，庭园虽然掩没于黑暗中，但音乐让它充满活力——想象一下一架长钢琴几乎是漂浮在平台的上方，柔和的音乐在回荡着。或者，把水排掉，黄铜格栅平台变成干燥的地方，摆放几把椅子和一张桌子，就可招待客人了。

另一个富有创意的设计细节是那几个外文字母，组成希腊语中表达时间的单词——“chronos”，字母刻在水池边的石头上，只有看它们的水中倒影才能辨认出。时间的概念在这儿被演绎了出来，水面平静的时候，单词清晰可认；水面泛起涟漪时，单词就消失不见了。

庭园与大自然和谐共生，实现人与自然的“天人合一”

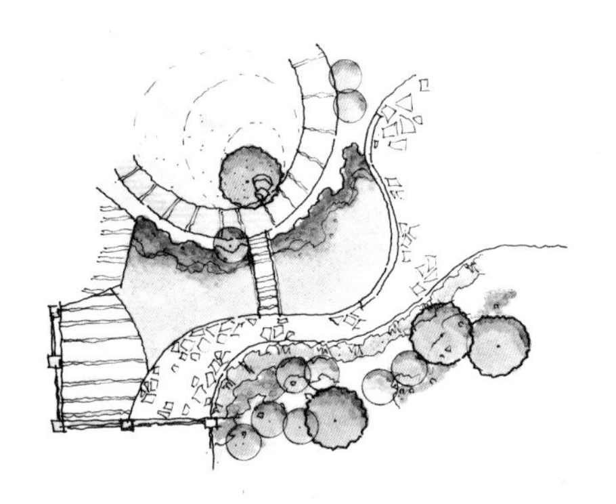

本案运用与大自然共生的理念建立起来的设计思路，很好地融化了现代建筑的冰冷和自大。砾石铺装的道路旁点缀的植物自然生长，有多年的草本植物、灌木、乔木，依层次覆盖。

项目名称：波特雷罗别墅
设计公司：非液体的“水艺术”
摄影师：乔迪米拉勒斯

项目地点：哥斯达黎加 普拉亚波特雷罗
完成时间：2007 年
庭园面积：720m²

运用与自然共生的理念设计，庭园景观、泳池与建筑周边的景致、湖泊很好地融为一体，达到了“天人合一”的境界。与室外环境共生，是本设计的亮点。白天，泳池倒影着周边的景致；夜晚，泳池在灯光的映衬下波光粼粼，格外美丽。

大面积的垂直绿化墙不仅拓展了庭园的尺度感，也使空间充满了趣味

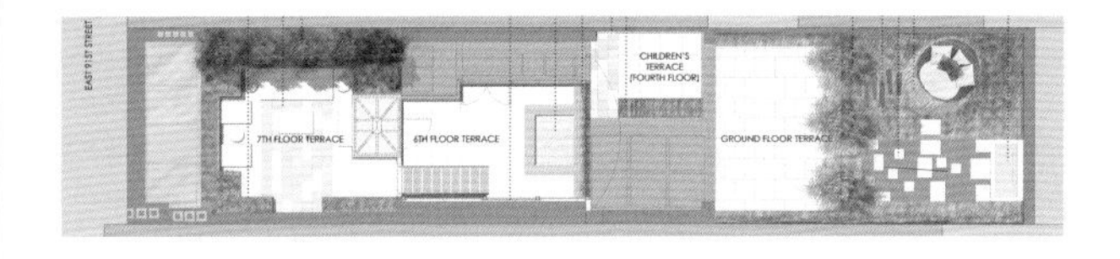

在拥挤的城市，这个庭园宛如鸟儿虫儿养育自己后代的巢。这个“巢”，比喻了水、土壤和肥料。

项目名称：卡内基山别墅
设计公司：纳尔逊・伯德・沃尔茨景观建筑事务所
设计师：纳尔逊・伯德・沃尔茨

项目地点：美国 纽约
完成时间：2010 年
庭园面积：$120m^2$

业主在园中四季都种植当地的主要植物。栽种的细节，土壤的摊铺和布局，借鉴了“组合家具”这一比喻来实施、管理。最终方案是人口密集的城市中的一片林地，延伸到一片材料、植被、规模和细节都相同的私人户外生活空间。

因现有庭园空间有限，所以设计是建立在这有限的空间基础之上的。可通过内外景观的交融来扩大园内空间感。种植计划成就了一系列的微气候，阴凉的地面露台，中间是一个被庇护的儿童游戏平台，两个毗邻的看台却暴露于烈日或寒风中，一年生植物形成全年的动态环境，冬暖夏凉，成为适宜儿童及成人玩耍或休息的好地方。

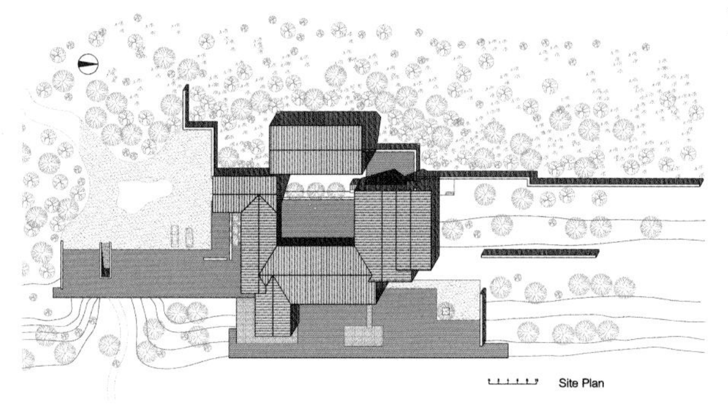

一切设计的产生如同生长在这里的植物一样充满了生命的痕迹

禅宗水府，是一个私人俱乐部，坐落在丽江玉龙雪山脚下一个倾斜的地块上。在这里，老城区和周边环境的全景可以一览无余。

项目名称：禅宗水府
设计公司：李晓东工作室

项目地点：云南 丽江
完成时间：2011 年
庭园面积：150m²

房子坐落于一个封闭的庭园内，周围有大片的空地，通过石墙和无边泳池等元素围合，从视觉上看起来像是完全开放的。将人造的和本地的元素相结合，使用本地材料和简单而成熟的建筑表现方式，着重空间和氛围的营造。除了现有的专业团队，还邀请当地居民来参与，这不仅降低了成本，也向人们明确了设计承诺。

草坪上这些几何形状的花坛不仅丰富了视觉效果，也与周边的自然景观形成了对比

密斯·凡德罗于 1926 年设计并建造了革命纪念碑，目的是纪念两位被害的社会主义者。纪念碑在 1935 年被纳粹摧毁。它是当时的一件艺术杰作，设计理念超前，得到国际广泛认可。

项目名称：密斯之星——纪念密斯·凡德罗125 周年的艺术工程
设计公司：格来德和达根巴赫景观建筑事务所
设计师：优杜·达根巴赫

项目地点：德国 柏林
完成时间：2011 年
庭园面积：300m²

本案是一座非常现代朴素的房子，是设计师密斯·凡德罗移居美国之前在柏林的最后作品。这项艺术工程使用被纳粹摧毁的纪念碑的设计理念。通过解构纪念碑的元素，设计者以一种经过改变的象征意义重建这座建筑。

错综堆积的砖和石块已被重整为几个平行的花坛，四周用木板围起。

里面种上红色的高茎玫瑰和地被玫瑰、白色的蔷薇，这些都是密斯・凡德罗喜欢的植物。

花坛用粉碎的砖块做护根层，这和柔软的草坪形成强烈对比。原纪念碑上的象征苏维埃的五角星被植入土里 40cm，形成一个新的交流点，形状就像日本的暖桌。五角星下面的土地也填上碎砖块，这样，它又有了新的含义，它已经变成一个符号，就像密斯・凡德罗在他的设计草图上常用的符号。还使用了 10 块特殊形状的砖块来表现纪念碑的艺术元素，这会帮助人们找到这项目的设计理念。

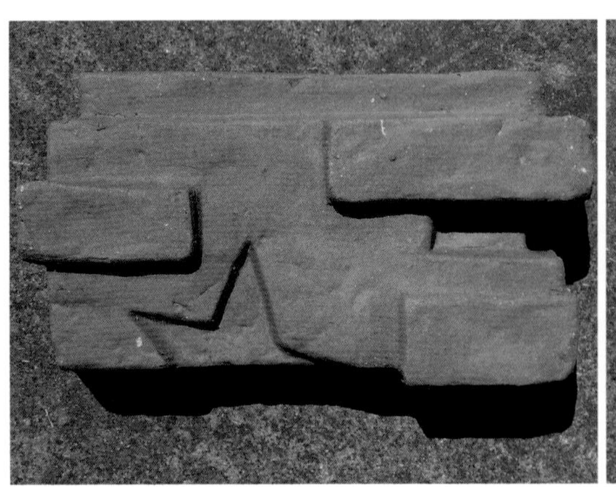

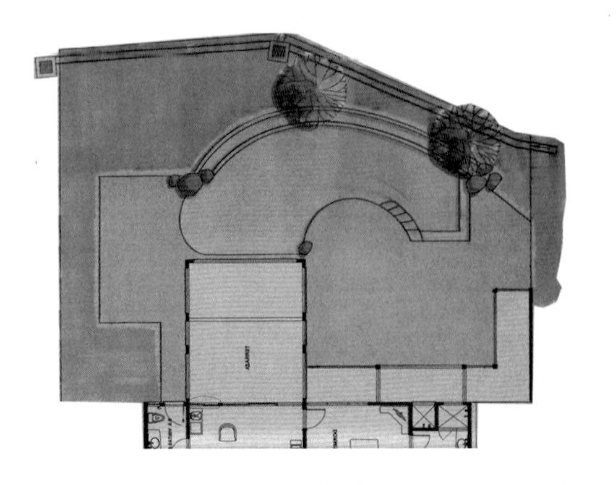

人工化的几何形态与大自然共同构成了一幅美丽的画卷

本案的特点是通过地形调整，将单调的景观环境升华为具有山林气势的自然美景。采用自然的设计手法，使景观与建筑及整体环境相融合，在粗犷自然的乡村风景与温馨典雅的建筑外观之间寻找平衡点，通过整体的规划整治和改造，塑造出一个富含山林韵味的私家别墅庭园。

项目名称：凯罗景观别墅
设计公司：非液体的“水艺术”
摄影师：塞尔吉奥普奇

项目地点 ：哥斯达黎加 孔查沙滩
完成时间 ：2007 年
庭园面积 ：710m^2

青石铺砌的人行道和单片青石台阶踏步，限定了场地的线条并引导至不同的景观空间。高大的树冠成为从建筑望向庭园的视线的景框，犹如一层薄薄的面纱，给人朦胧感。

丛植与孤植的树木呈线性分布，犹如自然生长的森林景观。无边界的泳池与台阶状的铺地呈现线性对比，周边的风景投影到水中，从而拉近了景观与我们的距离。

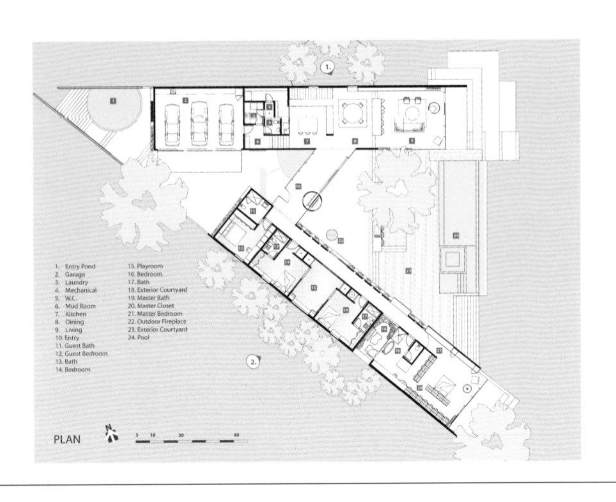

庭园的总体设计简洁而大气，充分关注庭园与建筑风格的统一

本案在庭园的总体规划上注意景观元素造型语言与建筑设计语言之间的有机联系，运用图案化的设计手法增强环境的统一感；营造自然山野的感觉，突出山间大宅的气势美。

项目名称：吉布斯空心住宅
设计公司：贝西陈设计和建造工作室

项目地点：美国 德克萨斯
完成时间：2011 年
庭园面积：480m^2

水景的视觉设计与节能环保也是本案的亮点。驻足在南院木质平台的水池边，远处群山环绕的美景尽收眼底，这一切让水池更有了生命感。随着潺潺流水之声来到了北院，一处别致的跌瀑出现在眼前，这是利用屋顶的特殊结构收集的雨水，通过太阳能小板的加热形成了温水瀑布。

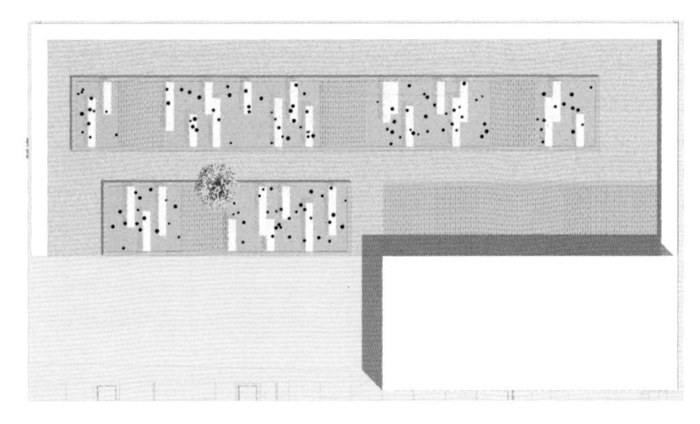

统一的线条，变化的图案，花园的布局严谨而和谐

这个葡萄酒花园完全是为了让人体验壮观的景观而建的，它与当地产的葡萄酒息息相关。透过玻璃的围栏，花园与周围的景观紧密相连。

项目名称：葡萄酒花园
设计公司：艾尔奇景观设计事务所

项目地点：意大利 阿迪杰
完成时间：2010 年
庭园面积：300m^2

受到当地土地结构的启发，在铺着斑岩砾石的地面上规划了一连串的绿色草坪和木头平台。向下的一级台阶是活动区和休息区的边界，并且两个区域的建筑材料有了改变。植物区域是一块低平的地，上面铺着条纹图案的多年生草坪，像地毯一样。一些诸如圆头大花葱的花草随着季节露出球茎，增添了短暂的色彩。

芳香的草本植物和正方形的金属容器内的石榴树使感官的体验更加完整，把花园和农业的传统种植联系在一起。

当地挖掘的斑石，耐腐蚀、高强度的暖色木板，及郁郁葱葱的绿色草坪结合在一起，在美丽的环境里构成了一幅和谐的画面。

不同景观区域的围合界面和高度处理是本案最大的亮点

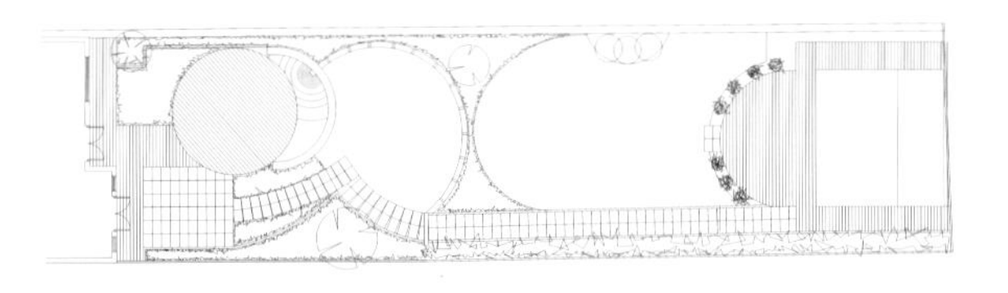

本案是一个狭长的庭园 (30 m × 10 m)，大部分的地面比室内地面高出约 50cm。原先，人可以通过院落的门从厨房走到一个长方形的小平台，再从几个窄窄的台阶通向一块草坪，草坪的两边栽的是各种各样的灌木，灌木的后面是茂密的忍冬花形成的篱笆。

项目名称：科林斯威坡庭园景观
设计公司：休瑞安景观设计
摄影师：休瑞安

项目地点 ：爱尔兰 都柏林
完成时间 ：2010 年
庭园面积 ：300m²

走到庭园一半的地方有 4 棵苹果树，树后有一小块菜地，还有一个放置肥料的地方被棚架遮挡着，上面还覆盖满了铁线莲。总之，原先的庭园具有 20 世纪四五十年代郊区花园的风格，整体效果却是幽闭、窄小的。业主在这个居所住了大约 20 年，如今要对整个房屋和庭园进行彻底的翻修。

业主的目标是把庭园变成全家人使用的花园，能够满足家庭不同成员的各种需要；庭园要很现代，与他们新家的格调统一；他们还想得到更多的空间、新鲜空气和阳光。业主是一对夫妇，带着 4 个年龄 12 岁到 21 岁不等的孩子，孩子们都喜欢尽可能多地到户外去娱乐和吃饭，都喜欢抛单个或成对的飞盘，那个最小的男孩还喜欢踢球。最有趣的计划是在庭园的末端搭建一个小房子，小房子里的空间要宽敞舒适，孩子们可以在小房子里看电视、听音乐、接待朋友们。设计师一一满足了业主的期望。

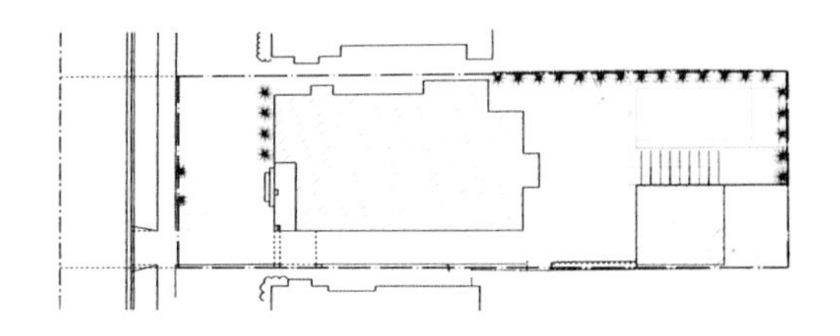

简洁、现代的设计手法让庭园看上去更大气

这个项目最引人注目的细节就是暗色调。建筑外墙大面积使用灰金属色，突出现代时尚感。木质等自然材料被大量地运用到建筑和庭园中，既弥补金属的冷漠感，又给人亲切、温暖的感受。

项目名称：法波尔庭园
设计公司：昂昂建筑公司

项目地点 ：新加坡
完成时间 ：2008 年
庭园面积 ：450m^2

自然光透过天窗流入，恰与生态主题相称。

因客户对绿化要求较高，所以除了一个圆形泳池周边的木质甲板外，周边的景观并没有改动。

庭园中每个功能区都有足够大的面积，却并不显得单调

该庭园设计在着重表现本地独特的景色和地形的同时，融入几个迥然不同的空间，从而把建筑、景观、功能融为一体。

项目名称：彼得森别墅
设计公司："平面"设计有限公司

项目地点 ：美国 旧金山
完成时间 ：2009 年
庭园面积 ：210m²

在入口处，从别墅延伸出的双层露天平台将房子与庭园中的木兰花、草坪和以蕨类植物著称的美景连接在一起。露天平台下面的弯曲造型设计了一个入口。在平台旁边，一条由鹅卵石堆砌而成的小径与满是林阴的花园相连接 ，给主入口营造出安逸、温馨的气氛。郁郁葱葱的灌木和草丛造就了曲径通幽的林间小路，这条小路的尽头是一块大草坪。

二次利用的花岗岩所砌成的路缘和呈椭圆形弯曲的坡形草坪，经常被当作孩子们露天即兴表演的舞台。整个景色所融入的雕刻主题表达了主人对孩子和艺术的爱，孩子们在了解本地美丽风景的同时，还拥有了一个思考、娱乐和探索的空间。

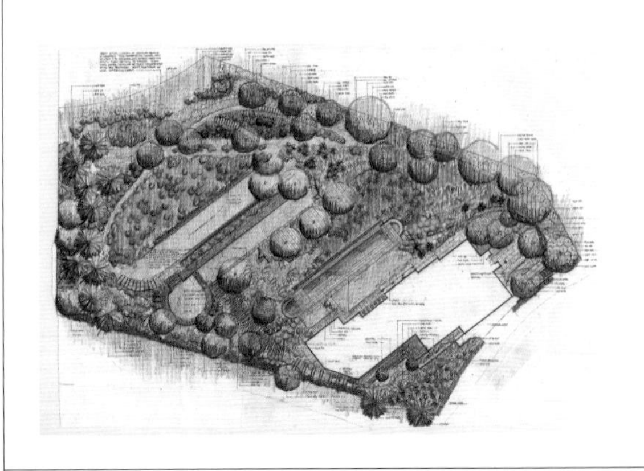

水天一色的泳池，具有超强的视觉震撼力

这个坡地上的庭园在高处俯看着太平洋。它的特点是园里园外的景融为一体。

项目名称：彼薇别墅花园
设计公司：艾科珊崔科斯景观建筑设计公司
设计师：艾科珊崔科斯

项目地点 ：美国 加利福尼亚
完成时间 ：2008 年
庭园面积 ：450m^2

15m 长的无边际泳池与天空和远处的海洋融为一色。园子里蜿蜒的小路是顺着加利福尼亚早期定居者留下的马车道修建的。

庭园的设计灵感来自我们与业主对各式区域特色花园的共同兴趣。这里精心地汇集了一个树林花园，普罗旺斯花园，日式禅园，肉质植物园，加州原生态花园，以及其他的低水位植物。坡上的建筑很复杂，周边栽有大量的成年树。

石砌台阶左右簇生的多年生草本植物增加了庭园的野趣

房屋从两个层面融入庭园。从马路穿过车库，首先映入眼帘的是挡土墙（护墙），这一结构急需改造。这个设计面临的挑战就是为这一垂直空间构思一个统一的计划，创造一种既能体验花园，又能提供一个紧邻住所的会客空间，还要有可以进入屋顶的入口，因为从屋顶可以看到美丽的海景。

项目名称：里德尔拉别墅景观
设计公司："平面"设计有限公司

项目地点：美国 旧金山
完成时间：2010 年
庭园面积：181m²

在底层，将破旧的挡土墙换掉，就可以加入房子主人要求的水景。一眼泉水从高低错落的两道墙中间穿过。当泉水流过铜质的堤坝时，就会像瀑布似的落在水池中，潺潺的流水声萦绕在庭园中，让人陶醉。砌墙所用的混凝土板有木纹图案，这可以在视觉上融入自然环境，有了统一的质地，以免显得单调和沉重。墙的底部十分巨大，足可以栽种植物，这样的设计把曾经荒凉的地方变成了一个绿色的静谧的石室空间，主人可以在这里冥想沉思。

顺着楼梯就可以走到一个宽敞的、半遮蔽的户外就餐场所，这也是孩子们安全的娱乐场所。我们的目标是保留现有的橡树，创造一个和谐、温馨的园林景观，这个园林景观能够表现出植物缤纷的色彩。另外，当地的草类和一些耐旱的植物围绕在橡树周围，夹杂着许多色彩柔和的植被和李子树，所有这些都以带有黑色斑纹的水杉树为背景，使得整个景色和谐美丽。这里还设计了一条螺旋上升的环形道，环形道的下面是石室，可以沿着环形道上典雅的环形楼梯走到观景台上。花园绿化的主题是因地制宜的。这里有金属花架，还有繁茂的喜阴植物：如狗脊蕨、圣诞蔷薇、红脚鹬。在向阳的山坡上覆盖着大片的紫叶鸭跖草，被各种龙舌兰花和景天属植物衬托着。在山坡和石板墙的边缘还长着一束束狗尾巴草。沿着方形石板砌成的小路走到顶层平台，你会觉得自己仿佛漂浮在一张柔软舒适的大床上。

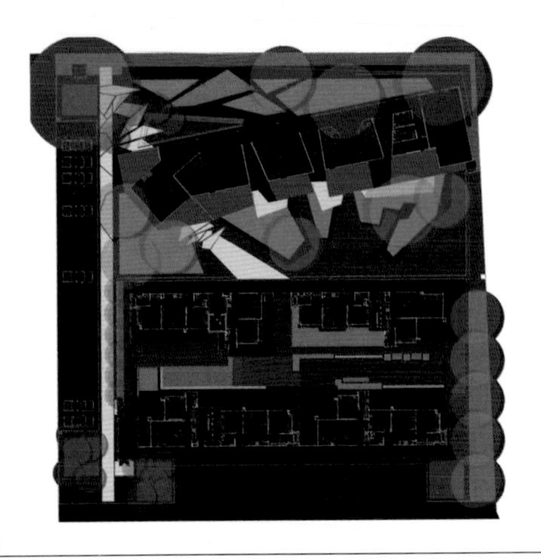

不加装饰的空间美和材料的原始质感被充分表现

业主能用于庭园景观建设的预算虽然很有限，却非常鼓励我们在设计上创新——只要它们优质并有趣。

项目名称：来宝立方
设计公司：托普景观设计公司
摄影师：普科・考布康山缇

项目地点：泰国 曼谷
完成时间：2009 年
庭园面积：512m^2

由于预算并不充足，我们在材料上并没有太多的选择。所以，我们列了一张能支付得起的材料清单，并努力想办法将它们运用得更加有趣。我们的灵感源自纸质拼贴画，我们采用不同颜色的不同材料来代替彩色纸张。

我们挑选了混凝土、船状的岩石、草坪、灌木和其他的材料作为我们需要的“颜色”。首先，我们将材料整理成平面结构，就像一幅绘画作品一样，然后，我们通过添加材料碎片的方式将其转化成立体构成。完成的作品中，一部分成为了通向房屋的主台阶，一部分成为了有趣的花园造景。凭借很少的预算，我们成功地建造了这个独一无二的庭园景观。

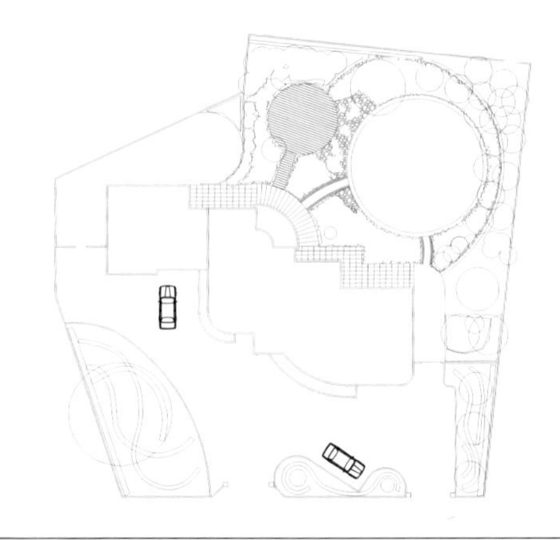

清新的花草树木与人造景观相辅相成，艺术装饰风格庭园让人沉迷

这个庭园对我来说是一个梦想工程，因为有一位热情而博学的客户、一位体谅人的天才建筑师和一所值得为之尽力的房子。

项目名称：诺曼底
设计公司：休瑞安景观设计
设计师：休瑞安

项目地点：南都柏林 爱尔兰
完成时间：2011 年
庭园面积：800m^2

艺术装饰作为一种风格一直让我着迷，这可能源于在我还是孩童的时候，居住在爱尔兰一些最具艺术装饰风格的建筑附近吧。当客户请我为这个位于都柏林的房子设计花园的时候，我爽快地答应了。

建筑所占的空间和庭园空间之间的关系，别墅建筑的风格，是影响我这个庭园设计方案的要素。在这个项目里，一所风格鲜明的大房子好像支配着整个场地，给我的第一印象是远洋轮船的景象，宛如 20 世纪 30 年代那个有着伟大的艺术装饰风格的法国远洋轮船，由此触发了我的设计灵感。后来，我为这个项目取了个别名“诺曼底”。至于客户要求庭园中有一个玩蹦床和篮球的运动空间，有一块草坪和一个水景（但不是水池），有她最喜爱的植物，这些需求在设计中也一一得到了实现。

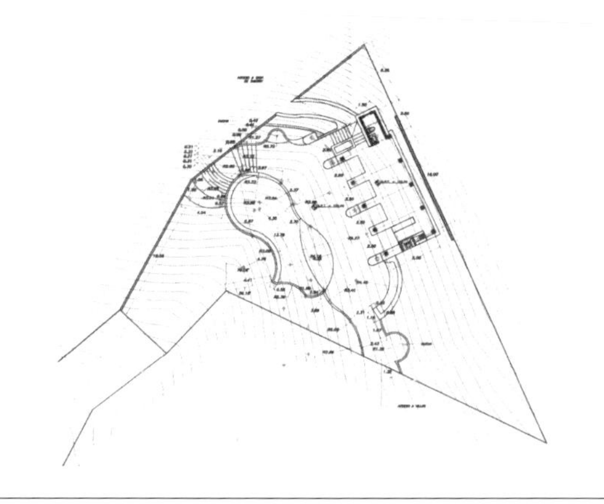

庭园中大量曲线的运用，营造了浪漫的景致

本案的设计宗旨是使庭园生活空间最大化，并保护居住者的隐私。设计的主要任务是在建筑设计与景观设计之间建立一致性，使装饰景观和自然景观统一起来，庭园景观与自然共生。

项目名称：蒂里
设计公司：非液体的“水艺术”
摄影师：乔迪米拉勒斯

项目地点：哥斯达黎加
完成时间：2004 年
庭园面积：400m^2

在这种设计思想的指导下，形成了本案的独特视觉语言：整个院落的架构是圆滑而理性的，大量曲线的应用，着重表现建筑与庭园的关联性，石质平台与草坪自然相接，泳池边缘采用曲线与铺地相接。这样，整个庭园景观最大限度地与周边的山景融合为一体。

周边的原生态景观巧妙地融合到庭园中

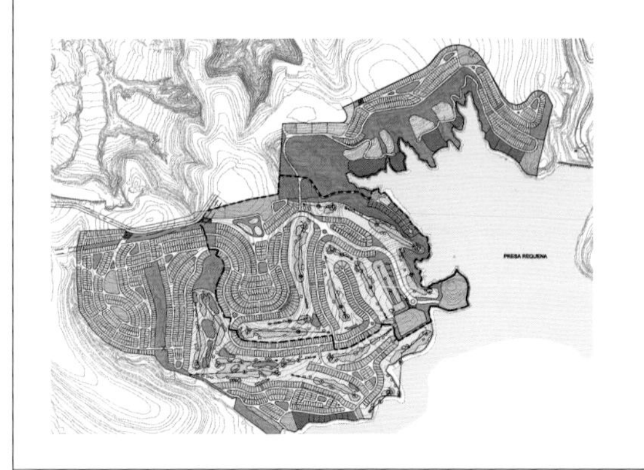

在本案的设计中利用风化的木板和当地的火山岩作为衔接每一处景观细节的纽带，因其与沙丘接近的色彩，而使其与裸露的沙地相呼应。

项目名称：乡村俱乐部
设计公司：哥都古鲁普城市设计

项目地点 ：墨西哥
完成时间 ：2008 年
庭园面积 ：293m²

当人们置身于这样的庭园之中，一定会被这些材料所具有的强烈的肌理效果和蓬勃生长的野草所震撼。

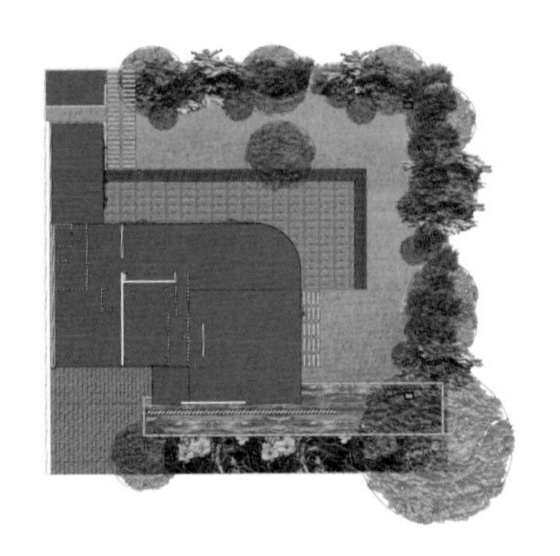

大面积的草坪为庭园留出开阔的活动空间

本庭园设计是根据地形和建筑定制的，采用了一个总体简洁的布局设计，池塘和前院组成了一个清新脱俗的私人空间。

项目名称：米那瓦兰庭园
设计公司：豪斯普尔景观与城市设计
项目地点：荷兰 阿姆斯特丹
完成时间：2005 年
庭园面积：900m^2

从街道一侧观望庭园景色是非常奇妙的。从别墅内观望则会更艺术一些，站在宽敞的阳台上可以将庭园美景尽收眼底。每个季节花园里都有主角，植物颜色以奶黄色和绿色为主色。

球茎花卉和圣诞玫瑰在早春盛开，紧接着是杜鹃花。到了秋天，野生维吉尼亚五叶地锦的颜色划分了一个边界，秋天的柳树的颜色恰好将其中和。庭园内保留足够的绿地空间，供孩子玩耍和接待客人。

现有的树木看起来有着很强的生命力。迷人的树木也被保留，包括美丽的垂杨柳。尽可能地选取兼容材料用于庭园造景，所以选择了灰色的混凝土、石头、无烟煤色和奶黄色面板。户外照明仅限于庭园和车库，灯光是由下而上的；业主所关注的方向是台阶下现有的黑桦。

高度视觉化的图案和色彩，为庭园设计提供了另外一种可能

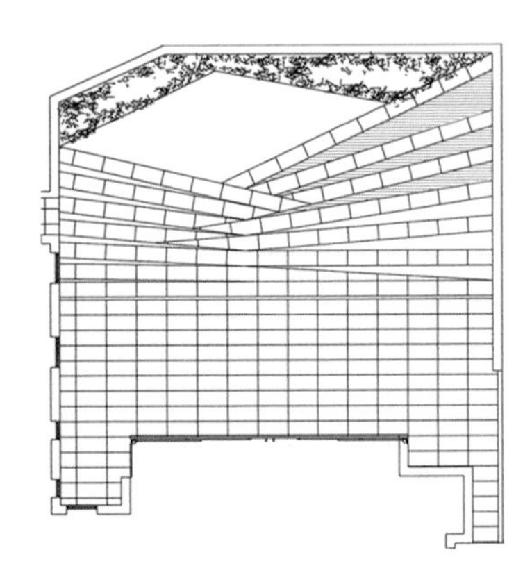

该房子始建于 20 世纪 70 年代。设计师接触到此项目时，房子的重建正在大规模地展开。房子的主人对现有的花园大体上是满意的，只是想把房屋和庭园翻新并更加密切地连接在一起，这是重建方案中的一个重点。

项目名称：狂舞曲
设计公司：休瑞安景观设计
摄影师： 休瑞安、埃瓦赞科奇

项目地点：柏林 爱尔兰
完成时间：2008 年
庭园面积：190m²

原来的庭园实际就是一个正方形的空间，位于南侧，那儿的地面从房子处开始抬升，所以庭园是延伸到山坡上的。庭园两边由房屋围着，另外两边是 2m 高的挡土墙，地面大部分是由混凝土石板铺成，到处点缀着植物，整体效果很乏味。

所以，这个项目的设计重点是使室外的庭园空间重新焕发活力，把房屋与庭园相连，进而把庭园和外围的花园相连。在房屋和庭园的连接上，室内和室外使用完全一样的地砖；对于庭园和外围花园的连接，则主要是通过几块长条状的草坪。那几块长条的草坪使用的是人造草，因为有助于使线条更鲜明，在这种环境里，人造草坪比天然草坪更耐磨损和撕扯。

线型的混凝土挡墙，既提供了坐椅的功能，又丰富了景观的层次

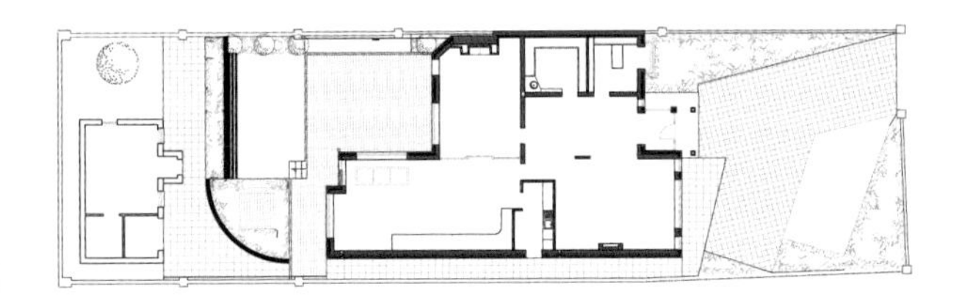

该项目是一个别墅后花园，位于一段缓坡上，从房屋的后面开始一直到花园工作室。

项目名称：错层
设计公司：休瑞安景观设计
摄影师：休瑞安

项目地点：南都柏林 爱尔兰
完成时间：2009 年
庭园面积：$680m^2$

设计方案是在水平和垂直方向做分割。

在水平方向分割出两个层面，一个与主房屋的室内地面一致，另外一个与花园工作室的平面一致。

垂直分割，是使用一道齐腰高的墙和一道竹子篱笆实现的。中间的一条小路把房屋和工作室相连，横跨了水平和垂直的分割平面。

抬高花园的中间部分会暴露在邻居的视野范围内，于是设计了一个 2.4m 高的木屏风来作为屏障。墙和木屏风都喷了橙黄色的乳胶漆。

庭园前、后侧都使用了人造草坪。后侧是一片叶子高的草坪，下面带有减震垫，适宜低成本维护，是全天候舒适的休闲场地；前面是短绒耐磨的地垫，提供了看上去总是绿色整洁的备用停车空间。

敞开式的设计运用在一个狭窄的庭园中可以获得更大的视觉空间

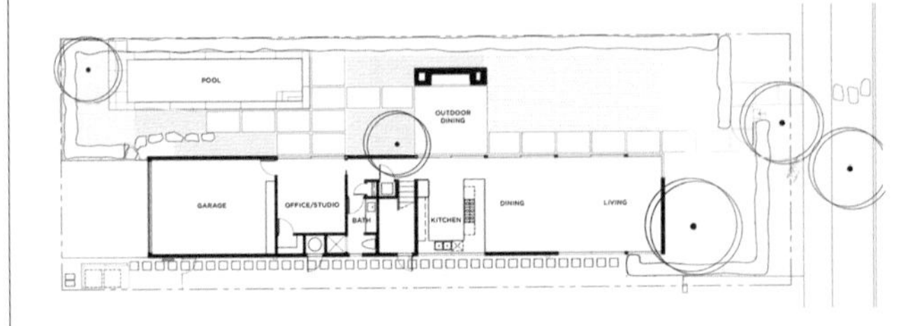

一段矮石墙将一个露台围起来，人可以放松地坐在石墙上；而且矮石墙还把僻静的草坪区隔开。一个凉亭位于草坪的另一边。从凉亭的屋顶和花园汇集而来的雨水流入一个钢边的水槽里。水槽的四壁是由松散的正方形石块堆砌成的，呈三角形，可以让水慢慢渗入土里。

项目名称：格兰庭园
设计公司：北部设计所

项目地点：加拿大 多伦多
完成时间：2008 年
庭园面积：180m²

在阳光明媚时，这个水槽在庭园里很不显眼。下雨的时候，水槽里充满了雨水，石头的纹理图案凸显出来，水槽充满了生机。庭园的四周有着经过造型设计的当地生植物，晚上在灯光的映衬下更加迷人。

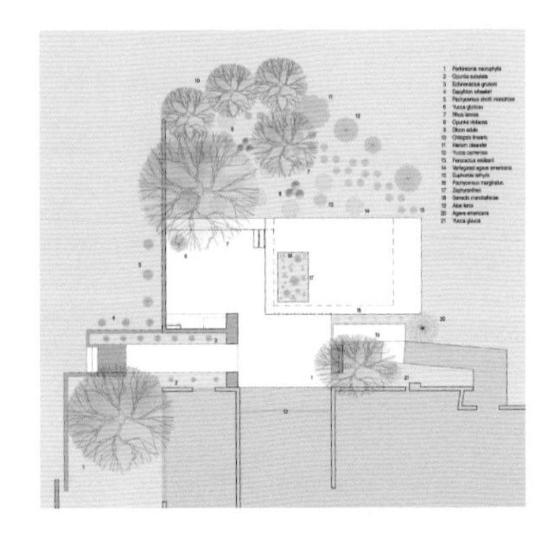

本案设计着重于使庭园空间与建筑空间自然过渡，形成一个整体

这个住宅自从建成以来就存在一个问题：没有一个清晰的进入路线，因此，客人会习惯穿过一个很实用的厨房门而入（因为这个门面朝前方），对实际的入口门视而不见（入口门不仅偏离客人抵达的地方，而且让人感觉起来像一个庭院门，不像是住所的主门）。所以，这个景观项目不得不首先处理这个进入顺序问题。

项目名称：莫尔茨别墅景观
设计公司：爱巴拉·罗莎诺建筑设计事务所
摄影师：比尔迪莫门

项目地点：美国 亚利桑那
完成时间：2008 年
庭园面积：$120m^2$

由于前门在房子的侧面，为了提示客人走到前门，一个醒目的标记不可缺少，但不能过于突出而影响了房子的效果。客人最先看到的是一堵现场浇筑的双悬臂式混凝土院墙。院墙开了一个门，门会引领客人穿过一面新的庭院砖艺墙，这面院墙是由混凝土砖块砌成，一层一层的，层层都顺着地面的斜坡。

穿过这道素雅的墙，设计就展开了，一个铺着彩色混凝土石板并突起的造型结构出现在眼前。这些铺设在一起的混凝土板块提供了花坛、长凳椅和室外活动空间，地面是天然的沙漠地面。

我们接下来是建一个室外生活空间。我们搭建了一个简单、开阔的生活平台，房子主人几乎全年可以使用，能充分享受园中美景及远处的山景。现在，房子的主人大部分时间的家居生活都在室外平台进行。

在房子的东边，大树肆意生长着。所以我们对这些树进行有序的安排，利用好树阴，为生活平台打造舒适的环境。

厨房和餐厅空间安放在院墙的后面，进来的时候不会被看见。室外生活空间的创建有效地增加了房屋的生活面积。
整个建筑材料的色彩很朴素：浇筑的混凝土，混凝土板，玻璃砖和当地植物。混凝土完成了大部分的空间构建功能。

通过对地形和视线的调整，将单调的景观环境升华为具有山林气势的自然美景

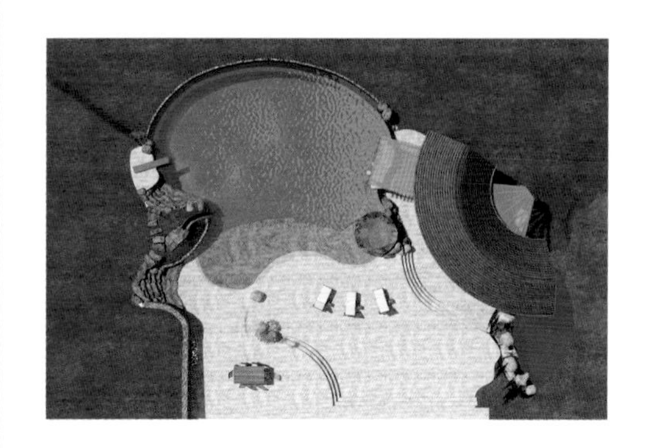

庭园的设计手法及风格与建筑之间的搭配是一个完美的组合。水景占据了庭园的很大比例。

项目名称：美国黄松
设计公司：非液体的“水艺术”

项目地点：哥斯达黎加 圣安娜
完成时间：2010 年
庭园面积：300m^2

水是以曲线的造型存在的，反射着别墅、庭园与山野的景象，反映出场地环境一年四季的交替变化。

不规则的几何形态与建筑之间形成了一个相互存在的整体，户外的水疗池被设计成一个圆形，在视觉上与远方的天际线互为呼应，给人以自然的感受。这些人工化的或规则、或不规则的几何形态，与自然的元素有机地结合于一个场地之中，它们与大自然共同构成了一幅美轮美奂的艺术品。

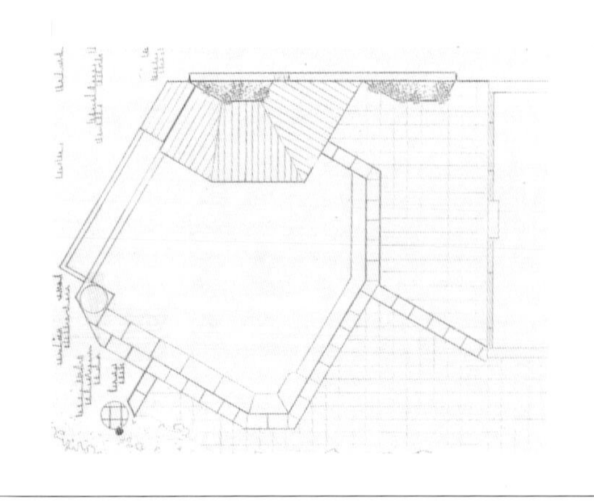

泳池与湖水毗连，产生了人湖延至园内的幻象

本案首先在视觉规划上，运用轴线的设计手法，将大湖、泳池、建筑组织成递进的秩序。

项目名称：巴艾尔佩斯维拉别墅
设计公司：非液体的“水艺术”

项目地点 ：哥斯达黎加
完成时间 ：2005 年
庭园面积 ：540m²

驻足在建筑与泳池之间的室外空间，放眼望去，湖水与泳池形成了一个整体，产生了大湖延至园内的幻象。

置身于泳池内，完全的水天一色，具有超强的视觉震撼力，泳池此时宛如变成了大湖的一部分，让人产生身在大湖畅游的错觉。

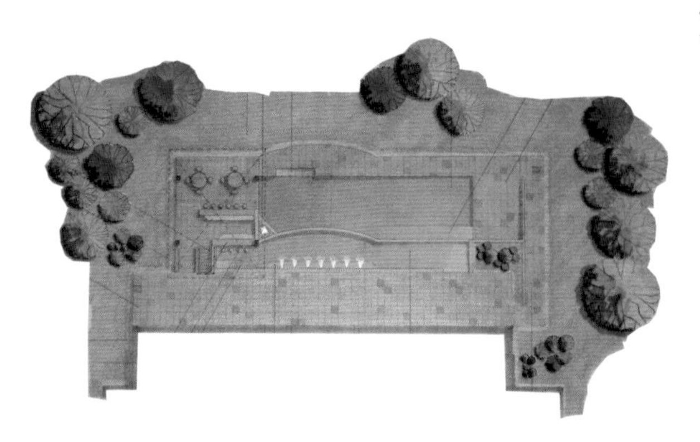

不同高差的水景，不同形状的水池，营造出极富特色的水景空间

利用丰富的地面高差来协调庭园与建筑。庭园的总体设计突出了现代简约风，契合业主时尚并极具生活品味的生活方式。

项目名称：可可别墅
设计公司：非液体的“水艺术”
摄影师：塞尔吉奥普奇

项目地点：哥斯达黎加 普拉亚斯德尔
完成时间：2008 年
庭园面积：$102m^2$

庭园的总体规划将原来的庭园与建筑空间关系进行了合理的调整，并通过合理的高差处理规避了原有的南院与建筑之间过高的落差而形成的不适感，拓宽了泳池的面积使其更为舒适，并自然地形成了跌水，创造出一个惬意、浪漫的休闲之所。

本书供稿单位：

· 易兰国际
· 弗拉基米尔 · 洛维奇园林建筑事务所
· 艾柯珊仕利斯景观建筑设计公司
· 米页设计
· 休瑞安景观设计
· "平面"设计有限公司
· 非液体的"水艺术"
· 格来德和达根巴赫景观建筑事务所
· 泰拉克工作室
· 埃姆克 27 工作室
· 伊布拉罗萨诺建筑设计事务所
· 泰若古艾姆私人有限公司
· 纳尔逊 · 伯德 · 沃尔茨景观建筑事务所
· 李晓东工作室
· 格来德和达根巴赫景观建筑事务所
· 贝西陈设计和建造工作室
· 艾尔奇景观设计事务所
· 昂昂建筑公司
· 托普景观设计公司
· 哥都古鲁普城市设计
· 豪斯普尔景观与城市设计
· 北部设计所
· 爱巴拉 · 罗莎诺建筑设计事务所

策划：吉典文化
主编：李　壮
编委：李　壮　张文媛　陆　露　何海珍　刘　婕　夏　雪
王　娟　黄　丽　程艳平　高丽媚　汪三红　肖　聪
张雨来　陈书争　韩培培　付珊珊　高囡囡　杨微微
姚栋良　张　雷　傅春元　邹艳明　武　斌　陈　阳
张晓萌　魏明悦　佟　月　金　金　李琳琳　高寒丽
赵乃萍　裴明明　李　跃　金　楠　陈　婧
设计：王伟光
组稿：肖　娟
摄影：吉典文化

图书在版编目（CIP）数据

别墅庭园意趣 . 2/ 北京吉典博图文化传播有限公司编 . —福州：福建科学技术出版社，2013.1
ISBN 978-7-5335-4170-5

Ⅰ . ①别… Ⅱ . ①北… Ⅲ . ①别墅－庭院－园林设计－中国－图集 Ⅳ . ① TU986.2-64

中国版本图书馆 CIP 数据核字（2012）第 259668 号

书　　名 别墅庭园意趣 2
编　　者 北京吉典博图文化传播有限公司
出版发行 海峡出版发行集团
福建科学技术出版社
社　　址 福州市东水路 76 号（邮编 350001）
网　　址 www.fjstp.com
经　　销 福建新华发行（集团）有限责任公司
印　　刷 福建彩色印刷有限公司
开　　本 889 毫米 ×1194 毫米 1/16
印　　张 11
图　　文 176 码
版　　次 2013 年 1 月第 1 版
印　　次 2013 年 1 月第 1 次印刷
书　　号 ISBN 978-7-5335-4170-5
定　　价 49.80 元